AF252468

BIBLIOTHÈQUE SCIENTIFIQUE DES ÉCOLES & DES FAMILLES

15 CENTIMES

DIRECTEUR
GUSTAVE PHILIPPON
Docteur ès sciences.

LES POULES

PAR

E.-A. SPOLL

ANCIEN ÉLÈVE DE L'INSTITUT AGRONOMIQUE DE VERSAILLES

HENRI GAUTIER, éditeur, 55 Quai des Gds Augustins. PARIS

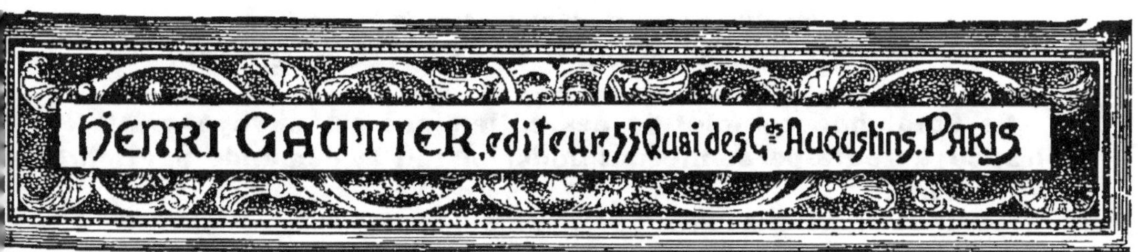

LES POULES

Par E.-A. SPOLL

Ancien élève de l'Institut agronomique de Versailles

AVANT-PROPOS

La France possède environ 45 millions de poules qui, en les mettant à 2 fr. 50 l'une, représentent une valeur de 112.500.000 francs; 35 millions de pondeuses produisent annuellement 183 millions de francs d'œufs. De plus, 4 millions de poules font, chaque année, éclore 40 millions de poulets, indépendamment de ceux qui sont produits par les couveuses artificielles. Sur la quantité d'œufs qu'elle produit, la France en exporte pour 18 millions de francs et consomme le reste.

Ces chiffres n'ont d'autre but que de montrer l'importance en notre pays de ces utiles gallinacés, dont l'œuf, aliment complet, et la chair, exquise et saine, jouent un si grand rôle dans notre alimentation.

L'élevage des poules, fait avec discernement, peut être, suivant les cas, un des produits les plus assurés de toute exploitation rurale, ou une agréable et fructueuse distraction. C'est à ce double titre que nous allons, dans le modeste cadre qui nous est imposé, étudier succinctement la physiologie de la poule et donner les renseignements les plus pratiques, confirmés par l'expérience, sur l'élevage de ces gallinacés, les qualités des races d'élite, la production des œufs, l'éducation des poulets et leur engraissement rapide.

E.-A. S.

ORIGINE ET PHYSIOLOGIE

Pour le naturaliste la poule est un coq femelle. Le latin, plus logique que nous, appelait le coq *gallus* — probablement du mot sanscrit *gal*, chanter — et la poule *gallina*. Les Italiens et les Provençaux ont conservé ce féminin.

D'où vient le coq? Les avis sont partagés et la question est encore pendante. On croit cependant que le coq sauvage de l'Himalaya serait la race primitive. Cette assertion n'est pas détruite par Athénée qui le fait venir de la Perse, ainsi qu'Aristophane, dans sa comédie des *Oiseaux*. Le coq a parfaitement pu parvenir, aux Grecs, des montagnes de la haute Asie en passant par l'Iran.

On le trouve encore à l'état sauvage dans les montagnes de l'Indoustan, à Ceylan, dans les Philippines, à Java et à Sumatra, mais dans aucune région froide. Quelle que soit son origine, le coq vient évidemment des pays chauds, ainsi que l'indiquent la tradition et les habitudes de cet oiseau frileux.

Symbole de la vigilance et de l'ardeur belliqueuse, les Grecs et les Romains avaient consacré le coq à Mars, dieu de la guerre; à Apollon, dieu du Soleil; à Minerve, qui représentait la vigilante prudence, à Mercure, et enfin à Esculape, dieu de la médecine.

On se souvient qu'avant d'expirer, Socrate, qui avait cependant entrevu l'unité de Dieu, recommanda à l'un de ses disciples de sacrifier un coq à Esculape. Cet animal était certainement connu des Juifs, bien qu'il n'en soit pas question dans l'*Ancien Testament*, car il en est parlé par plusieurs auteurs, et il était interdit d'entretenir des coqs dans l'enceinte de Jérusalem.

Au point de vue économique, l'élevage et l'engraissement de ces volailles était pratiqué par les Romains, ainsi que l'attestent ces deux vers du poète Martial :

Pascitur et dulci facilis gallina farina
Pascitur in tenebris : ingeniosa grila est

Nous ne nous attarderons pas à parler de l'influence des poules dans l'art. Cependant nous remarquerons que l'ove, cet élégant ornement de l'architecture antique, tire de l'œuf son nom et sa forme.

La cruelle coutume des combats de coqs n'était pas non plus ignorée des anciens. Il en est trace dans les poètes latins et on en trouve la représentation sur plusieurs monuments, des médailles ou des camées.

Terminons cette revue archéologique en rappelant que le coq est devenu l'arme parlante des Français, fils des Gaulois — *Galli*.

Le coq appartient, avons-nous dit, à l'ordre des gallinacés, dont il est le type. Ses caractères distinctifs sont : bec moyen, convexe à sa partie supérieure et courbé à la pointe, dénudé à la base et accompagné de caroncules pendantes; les joues sans plumes, la tête surmontée d'une crêté charnue et rouge, les tarses robustes, munis chez le mâle d'un éperon plus ou moins long, suivant les races, et recourbé. Le doigt de derrière est plus haut que le sol sur lequel il ne s'appuie que de la pointe, les ailes sont courtes, étagées, les quatorze plumes de la queue se redressent sur deux plans verticaux et les faucilles, ou plumes couvrant la queue, se prolongent en arc. Leur longueur est très variable; certaines races en sont totalement privées, comme la race dite sans queue, tandis que les faucilles du coq de Yokohama s'étendent comme la queue du faisan. Le coq est omnivore.

Le squelette d'une poule ordinaire, de taille moyenne, présente généralement les proportions suivantes : longueur de la tête, 0,07; du cou, 0,14; des épaules à la queue, 0,15.

Le *sternum* proprement dit, ou bréchet, os de la poitrine, a 0,09 de longueur.

Le membre thoracique est composé de l'*humérus*, qui est le bras du coq, 0,08, du *radius* et du *cubitus* ou aileron, 0,07, et du bout de l'aile qui représente la main, 0,05.

Le membre abdominal comprend le *fémur* ou os de la cuisse, 0,08; le *tibia* ou pilon, os de la jambe, 0,11; le *canon*, os de la patte 0,08, enfin les *doigts*, dont celui du milieu a une longueur de 0,06; celui de derrière, 0,02; la *rotule* ou genou et le *calcaneum* ou talon.

Les muscles importants sont ceux dont est formée la chair de la poitrine, des cuisses, des jambes et des ailes.

Les parties de la tête qui se divisent en supérieure et inférieure sont : 1° le crâne, formé de plusieurs os où se trouvent l'orbite de l'œil, la mandibule supérieure et les narines; 2° la mandibule inférieure et la partie creuse comprise entre ses deux branches, appelée le menton. L'oreille est placée en arrière.

Dans la tête on distingue la crête, les barbillons, les oreillons, les joues, les narines et le bec.

Les plumes sont: les petites et moyennes tectrices, les grandes tectrices, les rémiges secondaires, les rémiges primaires, le pommeau de l'aile, les lancettes des reins, les petites faucilles, les grandes et moyennes faucilles et les rectrices ou grandes caudales.

LES RACES

Nous sommes à présent suffisamment renseignés sur l'espèce pour entreprendre la description des races ou variétés les plus intéressantes, au double point de vue de la production et de la beauté.

Races françaises.

La poule commune.

Cette bonne race indigène est moins le résultat de croisements dus au hasard, que la résultante, pendant une longue période, des influences du milieu sur une espèce importée, sans doute, en notre pays par des Phocéens, et qui a lentement rayonné du Midi vers le Nord. Une sélection naturelle s'est produite dans la suite des temps, et a fini par produire cette race à la fois rustique et fine, ayant une remarquable aptitude à la ponte et à l'engraissement, excellente couveuse, et qui constitue ce que nous appelons aujourd'hui la poule de ferme. C'est d'elle, par des soins judicieux, une sélection, cette fois raisonnée, que sont sorties ces belles races françaises, dont nous allons parler, et qui ne le cèdent, pour leurs précieuses qualités, à aucune race étrangère.

Gardons-nous toutefois de confondre notre vieille race française avec les métis dus au hasard des cohabitations, ou à d'inintelligentes tentatives.

Il est assez difficile de donner une description de la poule de ferme, dont l'aspect varie selon les provinces. La poule du pays de Caux n'a point de rapports avec celle de la Flandre ou du pays basque. Cependant, si nous nous tenons dans les régions moyennes, on peut ainsi distinguer ses caractères généraux.

La tête est petite, le bec fin, la crête très variée de forme, sa poitrine manque un peu d'ampleur, les jambes sont fines, ce qui implique la légèreté du squelette. La peau qui recouvre les pattes est écaillée, rose, grise ou ardoisée. Quant au plumage il est infiniment variable, mais, au contraire de ce qui a lieu dans la plupart des races de luxe, le plumage est bien plus éclatant chez le coq. Aussi Buffon a-t-il mis ses plus belles manchettes pour le décrire, et Victor Hugo l'appelle-t-il :

Ce coq vernissé qui reluit au soleil.

Il est fier, il est courageux et sait défendre sa famille. Avant l'aube il réveille le paysan, et sa voix qui s'entend au loin dans la campagne lui a valu le surnom de *Chanteclair*. Son effigie surmonte le plus humble clocher, comme si le village se voulait confier à sa vigilance.

La poule de ferme est douce, familière, active, mère incomparable, épouse soumise; c'est le modèle de la bonne ménagère. Elle couve bien, sa fécondité dépend des soins que l'on prend d'elle et dont nous aurons à nous occuper plus loin. Elle rend en raison de ce qu'elle reçoit, et si l'on a de grands espaces à lui donner, elle n'est pas en peine pour trouver sa nourriture, car tout lui est bon : graines, herbes, insectes, limaces, vers de terre, etc. Dans ces conditions elle coûte peu à nourrir. Il n'en est pas de même de certaines races d'élite que l'on est obligé de parquer et qui exigent une nourriture abondante et choisie.

Aussi conseillerons-nous le choix de la poule commune dans les fermes, les exploitations rurales, etc., où l'on dispose de vastes prairies, voire de bois, dans lesquels, sans doute par *atavisme* (1), elle se plaît singulièrement.

Race de la Bresse.

La poularde de Bresse est d'antique renommée et sa réputation est méritée. Il y a dans le département de l'Ain deux variétés : l'une noire, sans crête, de moyenne taille, spécialement en chair à la poitrine et aux ailes, ce qui est le point pour l'engraissement, selon le vieux dicton gourmand : « La cuisse de ce qui vole et l'aile de ce qui

1. *Atavisme* : Ressemblance avec les aïeux.

marche. » La poule de Bresse prend facilement la graisse et son goût est exquis.

L'autre variété, un peu plus petite, a les plumes blanches, légèrement tachetées de noir sur le dos et les ailes, une tête fine et de grands yeux noirs qui lui donnent une physionomie particulière. Elle a également les os très fins et s'engraisse très vite. C'est une race sédentaire, peu pillarde, qui se plaît dans les parcs et demande peu d'espace.

Les facultés reproductrices du coq sont précoces, aussi, dans le département de l'Ain, engraisse-t-on pour la vente les reproducteurs qui ont plus de deux ans.

La ponte est assez bonne et la poule couve bien, mais, à cause de sa petite taille, il ne faut pas lui donner plus de dix ou onze œufs.

Race de la Flèche.

Si l'on dit « la poularde de la Bresse » on vante « le chapon du Mans », qui n'est autre qu'un produit de cette belle race de la Flèche. Cependant on fait des chapons dans l'Ain comme des poulardes dans la Sarthe, et les uns comme les autres sont fort estimés.

Ce qui caractérise principalement la race de la Flèche, c'est sa haute taille qui, avec son plumage noir, la fait ressembler à la race espagnole. Cette différence de taille avec nos plus grandes races indigènes, qu'elle dépasse de dix centimètres, provient de la longueur des jambes, très détachées du corps. Ce n'est d'ailleurs pas au détriment des proportions de l'animal, car les chapons et les poulardes dont l'engraissement est complet, en moyenne, à dix mois, pèsent de 4 kilogrammes à 4 kil. et 1/2.

Très rustique la poule de la Flèche s'acclimate aisément, mais dans son jeune âge elle doit être nourrie avec du son et du blé concassé menu. Très affamée, il faut lui donner cette pâtée trois fois par jour, et, si l'on peut, un peu de verdure.

Là race manque de précocité (1); la poule est une pondeuse médiocre et une mauvaise couveuse.

Race de Crèvecœur.

Bien que Crèvecœur soit sur les confins de la Picardie, l'admirable race qui porte son nom est très probablement d'origine normande. Les amateurs s'accordent à la proclamer la première entre toutes, et c'est justice, comme on va le voir.

Le coq de Crèvecœur, fortement huppé, la crête en forme de cornes, a le corps puissant formant presque le parallélogramme, comme le bœuf de Durham. Ses membres sont robustes mais bien recouverts de chair comme sa poitrine, et ses os sont légers. Il a l'allure pesante et les habitudes sédentaires; sa race est robuste et peu sujette aux maladies.

La poule, bonne pondeuse, donne des œufs du poids moyen de 75 grammes, mais elle est maladroite couveuse et tient difficilement le nid, quand elle couve, ce qui est rare.

A deux ans, elle pèse de 3 kilogrammes à 3 kil. 1/2. Le poulet est de toutes les races la plus précoce. On peut l'engraisser à l'âge de trois mois et, dans l'espace de quinze jours, il est à point. Sa chair délicate et juteuse vaut celle du Docking tant vanté.

C'est surtout, comme on le voit, au point de vue de la production de la viande que cette race est précieuse et mérite d'être conservée pure. Les principales variétés provenant de la race de Crèvecœur sont celles des Caux, de Caumont et je dirais presque celle de Houdan, si elle n'était devenue une race distincte.

Peu difficile sur le choix de sa nourriture, la poule de Crèvecœur doit cependant recevoir une nourriture un peu échauffante — avoine, sarrazin — afin d'activer sa ponte.

---

1. Les poulets ne sont comestibles qu'à 6 ou 7 mois.

Race de Houdan.

Qu'elle dérive ou non de la race de Crèvecœur, la poule de Houdan présente des caractères qui l'en distinguent. Huppée comme la précédente, son plumage est caillouté de blanc et de noir. La tête du coq fait avec le cou un angle peu ouvert ; la crête forme une sorte de couronne légèrement aplatie, les joues sont couvertes de plumes hérissées qui semblent des favoris, tandis qu'une cravate de plume, rejoignant les barbillons, semble une véritable barbe. Les plumes formant camail sont jaune paille. Chez la poule la huppe est tellement développée qu'elle retombe sur les yeux et gêne la vue de l'animal.

Les pattes fines des coqs et poules de Houdan sont plus hautes que celles des crèvecœur, et la forme du corps, plus harmonieuse, semble la coque d'un navire. Le squelette est léger, et l'aptitude à l'engraissement égale à celle de la race de Crèvecœur, avec un peu moins de précocité cependant.

La poule est une pondeuse émérite, mais elle ne couve que très exceptionnellement et mal. Au demeurant, elle est de bonne complexion, de mœurs paisibles et sédentaire par goût. Les cinq doigts du pied sont caractéristiques de la race.

Races diverses.

Parmi les autres bonnes races françaises nous citerons la poule de Barbezieux dans la Charente, noire et sans huppe, propre à l'engraissement ; la poule de Campine, dorée ou argentée, qui appartient à la fois au nord de la France et à la Belgique, pondeuse hors ligne et bonne couveuse, mais de petite taille ; les races de Rennes, d'Angers, d'Argentan, des Ardennes, de Gascogne et de l'Indre, recommandables par leur bonne ponte, leur ardeur à couver et leur propension à s'engraisser facilement.

Races étrangères.

Race de Shangaï dite cochinchinoise.

En première ligne nous placerons la race improprement
appelée cochinchinoise. Elle est, en effet, très probablement
originaire de Shangaï. C'est le vice-amiral Cécile qui a rap-
porté, en 1846, de cette ville, les premiers sujets que l'on ait
vus en France. Cet officier donna au Muséum d'histoire naturelle un coq et trois poules et garda le même nombre
pour lui. C'est de ces six individus que sont issus tous ceux
que l'on a d'abord vus dans notre pays. Mon père put se
procurer des œufs et posséda longtemps une très belle
collection de cette race, que l'on a trop abandonnée après
s'être tant engoué d'elle, et qui ne méritait :

Ni cet excès d'honneur, ni cette indignité.

L'espèce de défaveur dont elle est maintenant l'objet vient
de plusieurs causes: Beaucoup de propriétaires ont laissé
abâtardir la race, que les Anglais, plus soigneux, ont conservée pure; on ne lui a pas toujours donné les soins, ni la
nourriture qu'elle exige, enfin la couleur jaune de ses tarses
et le goût *sui generis* de sa chair, que, pour notre compte,
nous trouvons très agréable, l'ont éloignée des marchés
pour n'en faire qu'un animal de luxe, ce qui est injuste.

Les particularités qui distinguent la race cochinchinoise
sont : une queue rudimentaire; la grande abondance de
plumes duvetées et bouffantes qui recouvrent les cuisses,
les flancs, l'abdomen, et donnent à la partie postérieure du
corps — l'artichaut — un épanouissement considérable.

La tête de l'animal est petite, comparée au développement
de son corps, car le coq atteint quelquefois un mètre de
hauteur et les dimensions de la poule ne sont pas beaucoup
inférieures. Le plus grand développement des animaux de
cette race est à l'arrière et au pilon; l'aile est un peu trop

courte et les filets manquent d'épaisseur. A l'âge adulte le coq pèse de 4 à 5 kilogrammes, la poule un peu plus de 3 kilogrammes ; nous avons obtenu des chapons pesant 6 kil. 1/2.

La voix du coq est rauque et remarquablement grave, son aspect, pesant et majestueux. Sa crête droite est régulièrement dentelée, d'un rouge vif, et d'un tissu fin, comme les joues, les oreillons et les barbillons. La tête est fine et bien portée, le col court et gros. Le corps est abondamment garni de plumes longues et soyeuses, les épaules sont larges, le plastron haut, le sternum court et les reins développés.

Le corps volumineux est incliné en avant, les ailes courtes portées très haut. Les jambes fortes, écartées, sont enveloppées de plumes molles et frisées qui forment manchettes, mais ne doivent pas dépasser le talon. La queue forme de petites faucilles portées horizontalement. Caractère doux.

La poule est plus ramassée que le coq, a les mêmes formes que lui, mais plus accusées. Vue de derrière, elle paraît plus large que haute. Ses œufs, de couleur nankin, sont petits, mais le jaune ou *vitellus* est très gros.

Excellente pondeuse, même l'hiver, lorsque l'on sait la préserver de l'humidité, c'est une couveuse incomparable. A deux ans, le coq et la poule sont dans la plénitude de leurs facultés génératrices, mais ils ne sauraient passer pour une race précoce, bien que plus rustique qu'on le prétend. Elle n'exige pour se bien porter qu'une grande propreté et ne craint que l'humidité. Comme elle est lourde et vole difficilement, il faut avoir soin de placer très bas son perchoir.

Maintenant quel est le plumage de la race pure ? La question est très controversée. Beaucoup d'auteurs veulent que la véritable race de Shangaï soient d'un jaune clair, d'autres penchent pour la couleur rousse. La vérité est que les sujets obtenus par mon père d'œufs de provenance authentique présentaient ces deux couleurs. Dans la suite même, ces premières poules ont donné naissance à un certain nombre de poulets appartenant à la variété noire, probablément par atavisme, et à quelques-uns d'un blanc pur, peut être phénomène d'albinisme, ce qui dans tous les cas exclut l'hypothèse que les cochinchinois blancs soient issus d'un croisement avec la race de Brahma-Poutra. Nous n'avons jamais obtenu la variété dite coucou, qui, à n'en pas douter, a dû être croisée avec notre race coucou ou la poule de Caux. Une seule fois nous avons eu une poule de soie, sans doute un cas tératologique.

Race de Brahma-Poutra.

Il est probable que cette race, qui a beaucoup de points de ressemblance avec la précédente, doit venir de l'Asie, sinon des bords du Gange.

Le coq présente à peu près les mêmes formes que son congénère de Shangaï, mais le plumage diffère. Celui du Brahma-Poutra est blanc, constellé de taches noires à la partie supérieure du corps et sur le dessus des ailes, le camail jaune paille. Les tarses sont forts et couverts de plumes formant manchettes. Son allure est lourde, son chant rauque et ses mœurs paisibles.

La poule, courte, ramassée, très emplumée, est assez bonne pondeuse et couveuse, mais elle est maladroite et casse souvent ses œufs.

La complexion de la race est robuste, mais, comme celle de Shangaï, elle craint beaucoup l'humidité. Sa taille rivalise avec celle du cochinchinois, et des métis provenant du croisement de ces deux races ont souvent dépassé un mètre de hauteur.

Race de Dorking.

C'est la plus belle des races anglaises et la plus recommandable, encore qu'à notre avis elle ne soit pas supérieure à notre belle race de Crèvecœur, sur laquelle elle a l'avantage de la beauté extérieure.

Le coq, d'une belle prestance, a quelques rapports avec notre coq de ferme. Sa crête d'un beau rouge est grande, droite et bien dentelée. Son œil est bien ouvert, le bec court d'où pendent de longs barbillons. Le plumage du corps est vert avec des reflets métalliques, le camail très développé, et retombant gracieusement de chaque côté, est d'un jaune brillant. Les faucilles enfin sont du même vert bronzé que le corps et forment un bel arc. Très doux, d'un caractère même pusillanime, le coq de Dorking doit être isolé de ses congénères des autres races.

La poule, très fine, a le plumage grisâtre et le ventre d'un roux tirant sur le rose. Précoce et bonne pondeuse, elle couve bien.

Les poulets de cette race s'engraissent vite et de bonne heure, leur poids égale celui de nos crèvecœur, leur chair est forte, blanche et juteuse. Ils demandent une nourriture abondante et choisie. Celle qui leur convient le mieux est une pâtée sèche composée de farines d'avoine et d'orge.

Les animaux de cette race, habitués au climat marin dont jouit la Grande-Bretagne, craignent plus les grands froids que l'humidité, quoique celle-ci ne leur soit pas favorable. Les jeunes sont, dans le premier âge. d'une complexion délicate.

Les autres races anglaises sont le coq de combat, haut sur pattes, armé d'un formidable éperon, élancé, musculeux, d'un naturel féroce, tel, en un mot, qu'il est nécessaire pour ce jeu cruel auquel se plaisent nos voisins d'outre-Manche. Puis la poule naine pattue, qui n'a pour elle que sa bizarrerie et une ponte assez régulière ; la poule coucou d'Écosse, bonne espèce moyenne, et enfin la poule naine, dite de Bantam, de plumages divers : doré, argenté, etc., qui a toutes les qualités de beauté, de fécondité, dont la chair est délicate, et dont le seul défaut est d'être trop petite et de pondre des œufs dont la grosseur moyenne ne dépasse guère ceux du pigeon.

Race espagnole.

Voici une race dont l'origine est douteuse, en dépit de son nom, mais que sa beauté, ses grandes qualités, classent parmi les races étrangères les plus estimées.

Le coq, ainsi que la poule, est d'un beau noir lustré, haut sur pattes, comme notre coq de la Flèche, avec lequel il a quelques points de ressemblance. Sa crête, très grande, droite et régulièrement dentelée, ses ouïes larges et blanches, ses longs barbillons le caractérisent. Il se tient droit et fier comme un hidalgo, sa voix est retentissante. Les tarses ardoisés et très minces indiquent la légèreté du squelette. Il est batailleur.

Avec moins de taille, la poule ressemble au mâle, à l'exception des caractères qui distinguent le sexe. Elle pond admirablement de gros œufs très blancs et couve passablement.

Sans avoir la finesse de nos crèvecœur, la chair des poulets espagnols est blanche et délicate, mais leur éducation est difficile. Ils sont très délicats dans les premiers mois, et beaucoup périssent pendant la mue, si l'on n'a le soin de les tenir au sec et de leur fournir une nourriture abondante, exclusivement composée d'une pâtée de farine d'orge et souvent accompagnée de viande et de feuilles de salade hachées.

La poule andalouse n'est qu'une variété de la poule espagnole, de plus petite taille et moins féconde.

Race de Bréda.

La poule de Bréda, que les Hollandais, ces éleveurs sans pareils, appellent la poule à bec de corneille, est depuis longtemps acclimatée en France et le doit à ses réelles qualités.

Le coq, noir de plumage, comme la poule, offre cette par-

ticularité que l'appendice charnu qui forme la crête, au
lieu de s'élever au-dessus de la tête, se trouve dans une
cavité ovale, et ses barbillons ont un grand développement,
ce qui donne à la tête des individus de cette espèce un
aspect tout particulier. Les poulets s'engraissent vite et
bien.

La poule est féconde, mais mauvaise couveuse comme
toutes les races promptes à l'engraissement; les œufs sont
très beaux.

La chair des individus de cette race est très délicate. On
a fait avec les coqs de Bréda des croisements souvent heureux.

Races diverses.

La plupart des autres races étrangères ne sont guère
adoptées que pour la beauté de leur plumage, leur rareté
ou leur singularité.

Entre les plus belles, il faut citer la poule de Padoue, que
les Hollandais ont singulièrement perfectionnée. Sa belle
prestance, sa huppe droite et bien fournie en font un ma-
gnifique animal. Son plumage est ardoisé, doré, c'est-à-
dire d'un fauve brillant ocellé de noir, ou argenté, blanc
ocellé de noir également. Elle pond rarement, de très gros
œufs.

La poule de Hambourg, de plus petite taille, se rap-
proche de la poule de Padoue. L'Allemagne compte aussi la
race d'Eberfeld, qui est peu remarquable.

D'Amérique il est venu quatre races distinctes : celle de
Leghorn, dont le coq est un bel animal, la race de Domini-
que, celle de Plymouth-Rock et la race de Langsham. Elles
sont assez rustiques, peu sédentaires, et n'offrent aucune
qualité transcendante.

Les Japonais possèdent deux races, dont nous avons en
France des spécimens : la race de Wallikiki à courtes pattes,
huppée et sans queue, souvent figurée dans la décoration

des faïences et des porcelaines du Japon, et la race de Yokohama, que sa taille élancée, ses faucilles presque droites, font ressembler au faisan.

La poule de Java est petite, le bec et les tarses presque noirs, son plumage noir changeant en violet est splendide. Elle est sauvage et vole très bien.

La poule nègre, ou poule de soie, est de petite taille. Ses plumes sont remplacées par un duvet blanc et soyeux; sa chair est noire comme celle du perroquet, peu estimée d'ailleurs.

Nous citerons encore pour mémoire la poule malaise, la poule du Cambodge, à courtes pattes, et la poule à plumes frisées.

Toutes ces races sont de simples curiosités et n'ont aucune importance économique. Le jardin d'acclimatation du Bois de Boulogne en possède une collection assez complète. Il paraît qu'il existe aussi à Madagascar, dont la faune est si singulière, une race autochtone, mais nous n'avons pas encore eu l'occasion d'en voir des spécimens en France.

LES ŒUFS

Avant de nous occuper du choix des reproducteurs, il nous faut parler de l'œuf, produit de la grappe ovarienne et de l'oviducte.

Les deux ovaires que possèdent la jeune poule se transforment, suivant Prangé, en un organe unique, qui est la grappe ovarienne, charnue, glanduleuse, rougeâtre, de forme irrégulière, sur laquelle se produisent, à l'état de puberté, de petits grains ronds disposés en grappes. Ils deviennent jaunes en grossissant et constituent le jaune de l'œuf ou *vitellus*.

Parvenu à la grosseur voulue par la nature, ces petites sphères jaunes, enveloppées d'une membrane très mince, se détachent de la grappe et descendent dans l'oviducte, conduit assez court dont les parois intérieures sécrètent

,une substance. blanche, qui est l'albumine ou blanc de l'œuf, dont le vitellus est enveloppé. A la fin de sa course, qui dure de douze à quinze heures, l'œuf est englobé par une coquille de substance calcaire, c'est alors qu'il est expulsé par la poule, qui pousse son cri de délivrance.

Les poules, quand ce n'est pas chez elles un défaut de conformation, si elles sont sevrées de sable, de cailloux, de matières susceptibles de contenir de la chaux, pondent souvent des œufs hardés, c'est-à-dire privés de coquille. Dans le premier cas on remédie à cet inconvénient en leur donnant à manger de l'oseille, probablement parce que l'acide oxalique que contient cette plante les aide à dissoudre la chaux en suspension dans leur économie; dans le second, il suffit de jeter du sable et des petits cailloux dans les parcs.

Les moyens empiriques pour faire pondre les poules sont de véritables mystifications et nuisent souvent à leur santé. Le meilleur mode d'activer la ponte est d'abord de leur retirer leurs œufs, d'observer pour les pondeuses une bonne hygiène, dont nous donnerons plus loin les règles, et de leur fournir une nourriture légèrement échauffante.

La sélection produit aussi de bons effets, et l'on se trouvera bien de choisir pour les couvées les œufs des poules qui paraissent les meilleures pondeuses.

On prétend, sans que cette assertion ait été scientifiquement vérifiée, qu'une bonne pondeuse doit produire, dans le cours de son existence, six cents œufs en moyenne. La première année de ponte est médiocre, presque nulle, la seconde beaucoup plus considérable, le maximum est atteint dans la troisième; il décroît un peu, au cours de la quatrième, et est encore inférieur dans la cinquième; au delà il faut sacrifier la poule qui n'est plus bonne qu'à mettre au pot.

L'œuf est un aliment complet, très précieux pour l'homme à tous les âges, mais surtout dans l'enfance et dans la vieillesse, où l'estomac fonctionne avec moins de vigueur. Le blanc de l'œuf contient 12 à 13 0/0 d'albumine et une certaine quantité de chlorure de sodium. Le jaune, comme le blanc, contient de l'albumine, de plus un corps spécial, la *vitelline*, qui donne à l'analyse une matière grasse combinée avec du phosphore et du soufre.

Au reste, l'art culinaire a varié à l'infini les façons d'accommoder cet agréable aliment. Alexandre Dumas raconte dans ses spirituels *Mémoires* qu'il a trouvé sur les quais un petit volume imprimé chez les Elzévir, intitulé : *Des cent trente-deux façons d'accommoder les œufs.*

Quoi qu'il en soit, le plus hygiénique est de les manger à la coque lorsqu'ils sont frais, c est-à-dire trempés pendant trois minutes dans de l'eau bouillante.

Le poids moyen de l'œuf est de 60 grammes. Le blanc pèse 36 grammes, le jaune 18 et la coquille 6. La grosseur de l'œuf varie suivant les espèces. Ce ne sont pas les plus grandes qui donnent les plus gros œufs; témoin la poule cochinchinoise dont le poids de l'œuf n'est que de 60 grammes, mais dont le jaune en pèse 28,42. D'où cet axiome vérifié par l'expérience : la grosseur des poulets est proportionnée à celle du jaune de l'œuf dont ils sortent. Le jaune contenant les corps les plus nécessaires à la nutrition, on devra donc préférer, pour la consommation des œufs, les races dont le jaune est le plus gros.

Les poules pondent ordinairement vingt œufs, puis s'arrêtent quelques jours pour recommencer, à moins qu'elles ne couvent.

« A l'exception du temps de la mue et du mois qui la suit, c'est-à-dire depuis environ la mi-octobre jusqu'à la mi-janvier, les poules pondent presque tous les jours, et d'autant plus régulièrement qu'elles sont mieux nourries et plus garanties du froid. Il y a néanmoins des poules qui ne pondent que de deux jours l'un, ou même tous les trois jours. »

Ces observations de M. Mariot-Didieux sont légèrement optimistes, si l'on en croit son propre calcul qui donne pour la troisième année de la poule — la plus favorisée —

le chiffre de cent trente œufs en moyenne. Les poules qui pondent trois cents œufs sont de rares exceptions et même celles qui en pondent cent cinquante ne sont pas communes. Il est donc plus prudent de tenir pour l'exception ce que le savant gallinographe donne pour la règle *et vice versâ*.

Il n'en est pas moins vrai que l'hygiène, une nourriture abondante et appropriée influent à tel point sur la ponte qu'on a remarqué au Jardin d'acclimatation que la ponte est presque aussi abondante durant la mue que pendant la période qui la précède.

Une autre cause qui favorise la ponte, bien connue de nos paysans, est la chaleur. C'est pourquoi les poules qui fréquentent les étables ou les écuries pondent beaucoup plus que celles qui sont enfermées dans des poulaillers et des parcs.

On remédie à cet état de choses en chauffant les poulaillers dans les pays froids, soit au moyen de simples poêles, comme on le pratique dans la basse Alsace, en maintenant, à l'aide des thermomètres souvent consultés, une chaleur uniforme.

On peut aussi chauffer les poulaillers en y ouvrant des bouches de chaleur ou en y faisant passer dans des tuyaux des courants d'eau chaude ou de vapeur.

On aura également le soin de semer sur le sol des poulaillers de la balle d'avoine ou d'y mettre de la paille fréquemment renouvelée, afin que les pattes des poules ne touchent pas la terre glacée.

Dans tous les cas, lorsqu'on chauffe les poulaillers, il est nécessaire de les entretenir dans un état parfait de propreté, et de renouveler fréquemment l'air, si l'on veut éviter les maladies et le développement des *acares*, qui naissent dans la fermentation des fientes.

Nous avons dit qu'il fallait enlever leurs œufs aux poules et ne leur laisser qu'une fac-similé d'œuf en stuc ou en porcelaine pour les exciter à pondre. Cette précaution a encore l'avantage d'empêcher les poules qui se succèdent sur les pondoirs de déterminer par la chaleur de leur corps l'évolution du germe nuisible à la conservation de l'œuf. Il va sans dire que cet inconvénient disparaît lorsque les pondeuses sont privées de leur coq.

L'hiver, les œufs étant plus rares sont d'un prix plus élevé. Il y aurait donc avantage à reculer la ponte des poules. Voici le moyen que préconise M. Mariot-Didieux :

« Pour reculer la ponte des poules et la reporter du printemps à l'été, de l'été à l'automne et de cette dernière saison en hiver, il ne s'agit que d'avancer le temps de la mue. On y parvient en arrachant successivement, et à deux ou trois reprises différentes, les plumes qui constituent leur plumage. Les plumes ayant repoussé et s'étant garnies de duvet pour la saison d'automne, la ponte a lieu comme au printemps et en été, parce que la nature n'a point à souffrir de la mue ; elle n'a pas à fournir aux matériaux réparateurs des plumes et du duvet. »

Un des moyens d'augmenter la ponte est encore d'empêcher les poules de couver. On y parvient en séparant de ses compagnes celle qui en manifeste l'envie, en l'enfermant sous une mue et en ne lui donnant, pendant deux ou trois jours, d'autre nourriture que des herbes hachées et de l'eau fraîche. On peut aussi lui plonger quelque temps l'arrière-train dans de l'eau très froide, mais on risque de tuer la poule. Le signe le plus certain qu'une poule est près de pondre c'est la rougeur de la crête et la teinte blanche des ouïes.

Des moyens de conserver les œufs.

Posons d'abord en principe que, pour être conservé, l'œuf doit être très frais, et qu'à fraîcheur égale ceux qui n'ont point été fécondés se gardent plus longtemps que les autres.

Pour constater la fraîcheur de l'œuf, il faut le mirer, c'est à dire l'interposer entre l'œil et la lumière. S'il est bien plein, s'il n'y a point au gros bout ce vide qui se produit après quelques jours et qu'on nomme la chambre à air, l'œuf sera de garde.

Aussitôt recueillis, les œufs que l'on veut conserver doivent être placés dans un endroit frais, où règne une température constante. L'important est, en outre, de les mettre à l'abri de l'air extérieur.

Pour cela on les dispose dans du sel, du son, du blé, du seigle, de la poudre de charbon, de la sciure de bois, en des boîtes hermétiquement fermées avec du papier collé.

D'autres les barbouillent d'huile ou de collodion. Le Dʳ Cruvelhier préconise un bain de lait de chaux et de crème de tartre, qu'il a expérimenté avec succès.

M. Mariot-Didieux indique le moyen suivant : « On remplit un vase ou un baquet de cendres de bois ou de tourbe tamisée de 5 centimètres d'épaisseur ; on y pose les œufs placés les uns près des autres, le gros bout en bas, nouvelles couches de cendres et d'œufs jusqu'à ce que le vase soit rempli. La bulle d'air contenue dans la chambre du gros bout de l'œuf paraît agir moins promptement sur leu décomposition. »

En somme, comme le dit fort justement M. Eugène Gayot, dans son excellent traité — *Poules et Œufs* — tout procédé de conservation des œufs tend à résoudre pratiquement ce problème : les préserver aussi complètement que possible de la sorte, de l'évaporation des liquides qu'ils contiennent, conséquemment de l'introduction de l'air qui les remplace, et des variations de température pouvant déterminer des germes ou la putréfaction,

L'air, en effet, s'introduit dans l'œuf à travers les pores de sa coquille et produit un commencement de fermentation. Le soufre du jaune s'unit alors à l'hydrogène de l'eau et donne naissance à l'hydrogène sulfuré, dont l'odeur caractéristique est bien connue.

De l'incubation naturelle et artificielle.

Dans l'un comme dans l'autre de ces deux modes d'incubation, il convient de choisir les œufs les plus frais et qui proviennent des poules qui font preuve de qualités exceptionnelles. Un œuf pondu depuis plus de quinze jours a déjà perdu de sa puissance germinatrice. Les œufs doivent être soustraits au danger de chocs, mis au frais et, autant que possible, isolés de l'air ambiant.

La couveuse ne doit pas être prise trop jeune, et il faut, avant de lui confier une couvée, l'essayer deux ou trois jours avec quelques œufs sacrifiés.

A défaut de poule qui demande à couver, ce qui arrive rarement lorsque l'on possède des cochinchinoises, on peut employer une dinde, point trop jeune, chez laquelle on développera facilement l'envie de couver en la plaçant le soir sur des œufs d'essai, après l'avoir préalablement enivrée avec de la mie de pain trempée dans du vin rouge et en la tenant dans un panier dont on referme le couvercle.

Il ne faut jamais mettre une poule au couvoir avant le milieu du mois de mars, parce que les petits pourraient souffrir des gelées tardives et que l'ardeur du coq n'étant pas suffisamment développée avant la fin de février, on court le risque d'avoir des œufs *clairs*, c'est-à-dire non fécondés. Les couvées tardives, des mois de juin et de juillet sont aussi à éviter, le mâle étant alors fatigué et les petits, ou *tardillons*, naissant trop tard pour supporter le froid de l'hiver.

La disposition à couver se manifeste chez la poule par plusieurs signes non équivoques. Sa crête se flétrit, elle reste plus longtemps sur le nid, jusqu'à ne le plus quitter, cesse de pondre, change son cri habituel en une sorte de gloussement, et ses fientes deviennent grosses et dures. En même temps une fièvre locale se traduit chez elle par une augmentation de température des pectoraux, que son instinct la porte à communiquer à ses œufs, puis à ses poussins lorsqu'ils sont éclos.

Il faut attendre, avant de confier des œufs à une couveuse, que ces phénomènes aient atteint leur maximum d'intensité, on court moins le danger qu'elle abandonne ses œufs. On l'enferme alors à la nuit dans le panier contenant les œufs et qu'on recouvre d'une grossière étoffe de laine, après lui avoir, si l'on veut, ingurgité un peu de vin. On la lève une fois par jour le matin pour lui donner à manger et à boire, et on la replace doucement sur ses œufs. Au bout de quarante-huit heures, elle est habituée à son nid, et y retourne d'elle-même, si elle doit bien couver.

Un préjugé veut qu'on ne doive donner des œufs à couver qu'en nombre impair. Une seule chose importe c'est de proportionner ce nombre à la grosseur de la poule. Une poule ordinaire couve bien dix à douze œufs, une cochinchinoise dix-huit, une dinde jusqu'à trois douzaines, mais comme cette dernière est lourde et maladroite, elle en casse toujours quelques-uns. Cet accident arrive aussi quelquefois aux poules. En ce cas il faut, dès qu'on s'en aperçoit, ôter l'œuf avarié et nettoyer le nid pendant que la couveuse prend son repas quotidien.

Si la poule est excellente couveuse, on peut se dispenser de couvrir le nid, et l'on placera non loin d'elle sa graine et l'eau qui sert à la désaltérer. Cependant il faut s'assurer chaque jour qu'elle se lève pour manger, car certaines enragées couveuses se laisseraient périr d'inanition, plutôt que de quitter leurs œufs.

Après quelques jours, il faut mirer les œufs. Ceux qui sont restés clairs ne sont pas fécondés et tiennent une place inutile ; on les retire, la poule n'ayant pas conscience de la quantité d'œufs qu'elle couve. Les autres sont devenus opaques, c'est que l'embryon s'est développé.

Éclosion des œufs.

L'éclosion a lieu du dix-neuvième au vingt et unième jour d'incubation. Dès que la poule sent ou entend les poussins s'agiter dans l'œuf, elle redouble d'assiduité, pour être prête à aider ses petits lorsqu'ils briseront leur coquille.

Le matin du jour où l'on suppose que l'éclosion a dû avoir lieu, on lève la poule avec de grandes précautions et on la sépare des poussins pour lui donner sa pitance accoutumée. Pendant qu'elle mange hâtivement, on ôte les coquilles brisées, on dispose les œufs qui ne sont pas encore éclos au fond du nid et les petits autour; la couveuse au retour saura bien mener concurremment l'incubation des œufs qui lui restent et les premiers soins à donner aux nouveau-nés qu'elle abrite sous son aile.

Le lendemain, on place la poule mère dans une mue ou dans une boîte à élevage, munie de barreaux assez espacés pour permettre aux poussins de sortir et de rentrer à volonté; mais n'anticipons pas sur ce que nous avons à dire des premiers soins à donner aux jeunes, et terminons par quelques données précises sur l'incubation artificielle.

De mémoire d'homme elle a été pratiquée dans l'ancienne Égypte et en Chine; ce n'est que depuis peu d'années qu'elle est pratiquée en Belgique et en France, où MM. Voitelier et Roulier-Arnoult l'ont singulièrement perfectionnée.

La couveuse artificielle que nous allons décrire brièvement implique l'emploi de la boîte à élevage.

La première se compose d'une boîte cubique en bois, comprenant un réservoir métallique qui correspond avec un thermomètre placé au dehors de la boîte. Au-dessus de ce réservoir est un casier matelassé de laine, fermé par un couvercle vitré, et dans lequel on place les œufs.

L'essentiel est de maintenir autour des œufs une température constante de + 39°. Pour arriver à ce résultat on verse par un entonnoir extérieur de l'eau bouillante dans le réservoir jusqu'à ce que le mercure du thermomètre marque le degré voulu et s'y maintienne. Une instruction détaillée accompagne la boîte et énumère les soins minutieux qu'exige l'emploi de la couveuse. Comme le dit M. Malézieux : « Dans l'incubation artificielle, il faut trois semaines d'une attention continue pour faire les poussins et ensuite il faut un mois de soins minutieux pour les empêcher de mourir. »

Il est recommandé de retourner les œufs matin et soir, afin que toutes leurs parties reçoivent une quantité de chaleur égale. A partir du dix-neuvième jour la glace qui se trouve insérée dans le couvercle permet de guetter l'éclosion. Dès que les poussins sont sortis de leur coquille, cette fois sans l'aide de leur mère, après les avoir laissés se sécher, on les place dans la boîte à élevage, où les poussins se blottissent sous un voile de grosse laine, ingénieusement disposé pour leur maintenir la chaleur nécessaire.

ÉLEVAGE DES POUSSINS

A peine sorti de l'œuf, lorsqu'il s'est séché à la chaleur maternelle ou artificielle, le premier souci du poussin est de manger. Sa nourriture doit être à la fois fortifiante, d'une ingestion et d'une digestion faciles.

On lui donne ordinairement du millet mêlé à du pain finement émietté et à des œufs durs hachés. Les éleveurs de Houdan ont substitué à ce régime une pâte faite avec du lait et de la farine d'orge ; enfin M. Jacque, l'auteur du *Poulailler*, donne la recette suivante : « Mie de pain rassis émiettée très fin, œufs durs hachés menu, feuilles vertes de salade, d'oseille nouvelle, de navet, de chou, de betterave, hachées également très fin ; le tout bien mélangé et renouvelé chaque jour. » On pourra remplacer la verdure par un peu de vin pour les tard venus, les poussins plus faibles. Les trois formules ont du bon, *experto crede Roberto.*

Lorsqu'on possède l'emplacement voulu, on laisse la mère

avec ses poussins, au lieu de l'isoler en la plaçant sous une mue. Elle donne à ses petits une leçon de choses, et c'est un spectacle intéressant de voir avec quelle attention ils suivent de leurs petits yeux vifs ses moindres mouvements, apprenant d'elle à briser les plus gros morceaux avec leur bec, à gratter la terre de leurs petites pattes; à boire dans l'augette remplie d'eau pure et fraîche.

Dès qu'ils sont repus, les poussins vont digérer sous l'aile de la mère qui se gonfle, écarte ses ailes pour mieux protéger sa couvée. Parfois entre son aile et sa poitrine, on voit surgir une petite tête curieuse. Bientôt le premier déjeuner est dans les talons et l'on repart sur de nouveaux frais, jusqu'au jour tombant, où mère et enfants regagnent le nid.

Mais il faut aussi penser à la couveuse, élevée au rang d'éducatrice. L'incubation l'a fatiguée, affaiblie; elle s'oublie et cependant elle a besoin de se refaire; aussi doit-on lui donner bonne pitance de graines et des feuilles de salade hachée. Il faut qu'elle ait aussi toujours de l'eau fréquemment renouvelée, car l'incubation altère.

En résumé, pour l'éducation des poussins, trois choses sont indispensables : la propreté du nid, une alimentation suffisante et appropriée et des précautions contre le froid.

Quand les petits ont quelques jours, on peut leur présenter une nourriture plus substantielle et commencer à leur donner du blé. En outre M. Jacque recommande les trois repas suivants :

A 10 heures du matin, millet.
A 2 heures du soir, riz cuit.
A 6 heures du soir, pâtée d'œuf.

On peut substituer au riz de la pomme de terre cuite écrasée avec du son.

Lorsque les poussins ont fini de manger, on les remet dans la corbeille qui a servi de couvoir et la mère va les y rejoindre. Si elle oubliait son devoir maternel, on la placerait doucement sur ses petits en ayant soin de la couvrir.

Bientôt, cependant, les jeunes se sentent assez forts pour se passer de leur mère, à qui d'ailleurs ils deviennent indifférents, le rôle que la nature lui a assigné étant terminé. C'est ordinairement après six semaines que la mère abandonne ses petits; certaines races, — la cochinchinoise entre autres — ne les gardent qu'un mois. Il faut alors les séparer, réintégrer la mère, la nuit, dans son ancien poulailler et placer les poussins dans un parc d'élevage.

L'ENGRAISSEMENT

A trois mois les poulets précoces peuvent être soumis à l'engraissement, d'autres seulement à cinq mois. Selon les races, il demande de quinze à quarante jours.

On commence par faire le départ entre les jeunes qui serviront à la reproduction et à la ponte et ceux qui sont destinés à fabriquer de cette viande si estimée et si nourrissante, que le Dr Marchal de Calvi, dans ses recherches sur la qualité nutritive des viandes, l'a classé la seconde, immédiatement après le bœuf. Relativement à son poids vif, le poulet gras donne 83,12 0/0 de viande et de graisse; or les bœufs primés dans les concours ne rendent pas au delà de 63 0/0.

Pour engraisser les poulets, la première condition est de les isoler dans une *épinette*, en observant de séparer les coquelets des poulettes, et que rien ne vienne troubler la quiétude des animaux à l'engrais. Ces précautions prises, on place devant chaque case de l'épinette deux augettes contenant l'une de l'eau, l'autre une pâtée faite avec la farine de l'orge, du maïs, du blé, mais point celle du seigle ou de l'avoine. On a soin de ne jamais les laisser vides. L'animal, qui ne peut faire d'autre mouvement que de passer la tête par les barreaux de sa cage, mange pour se distraire, et donne pleine satisfaction à sa voracité naturelle. Il en résulte, après quinze jours ou trois semaines de repos absolu et de nourriture forcée, que le poulet a gagné de 50 à 100 0/0

de son poids initial. Il est alors à point pour la consommation (1).

Un autre système consiste à gaver les individus à l'engrais à des heures régulières au moyen d'un entonnoir.
Mais ce moyen a ses inconvénients; les congestions sont à
craindre, si l'on n'a le soin de se rendre compte du pouvoir
absorbant de chaque animal.

A ce point de vue les appareils d'engraissement méca-
nique, dont M. Odile Martin est l'inventeur, et que chacun
a pu voir fonctionner au Jardin d'acclimatation, sont, pour
les grandes installations ce que l'on peut désirer de plus pratique. La place nous manque pour les décrire convenable-
ment, et d'ailleurs on ne peut s'en faire une idée bien
exacte qu'en assistant aux opérations quotidiennes qui se
font dans le bel établissement du bois de Boulogne.

La nourriture exclusivement employée par M. Odile Martin, à la fois substantielle et peu échauffante, se compose de
farines d'orge et de maïs délayées dans du lait jusqu'à con-
sistance d'une pâte molle. La ration varie de 10 à 20 cen-
tilitres par repas, suivant la grosseur des animaux.

Il va sans dire que pendant la durée de l'engraissement,
il faut veiller à la propreté des épinettes et les désinfecter
avec de l'eau additionnée de sulfate de fer pour prévenir
l'invasion des insectes — mites et acares — qui tourmente-
raient les poulets soumis à l'engraissement.

LA NOURRITURE DES POULES

Il y a deux modes de nourrir les poules, selon qu'elles
sont libres ou parquées.

Nous avons dit précédemment que la poule est omnivore
et presque uniquement préoccupée du soin de chercher sa

1. Pour les poulets engraissés en liberté, M. Roulier-Arnoult con-
seille une pâtée ferme composée de farine d'orge délayée avec du lait
coupé de 50 0/0 d'eau et donnée à discrétion. A trois mois et demi les
poulets pèsent 1.200 à 1.500 grammes et reviennent à 2 francs l'un.

pâture. Dans ces conditions, on comprend que libre de vaguer par les champs et les bois, de pénétrer dans les écuries, les étables, de fouiller dans les fumiers et les épluchures ménagères, la poule trouve amplement sa subsistance en même temps qu'elle est un utile agent de purification. En ce cas son élevage est tout bénéfice, et c'est ce qui a lieu dans les exploitations rurales, à la condition que l'on proportionne le troupeau à l'importance de l'exploitation.

L'hiver cependant, où les poules ne trouvent plus la même abondance de nourriture, il faut y suppléer par une ou deux distributions quotidiennes, suivant le déficit, de criblures de graines, et à des heures régulières. De même lorsque la température s'abaisse au-dessous de zéro, il est indispensable de tenir à la disposition des poules de l'eau à l'abri de la congélation.

Mais tous les éleveurs ou amateurs de poules n'ont pas des exploitations, ni de vastes espaces à leur disposition. Il faut parquer les animaux dans une basse-cour, dans un poulailler, dont la construction nous occupera tout à l'heure. Les poules n'ayant plus la faculté de chercher elles-mêmes leur nourriture, il est nécessaire d'y pourvoir.

Il est de règle que pour avoir des reproducteurs vigoureux et de bonnes pondeuses, on doit les nourrir suffisamment, mais sans excès. Le défaut de nourriture éteint l'ardeur des coqs et ralentit la ponte des poules; la trop grande abondance produit les mêmes effets.

On s'accorde à fixer à trois les repas des poules parquées: le matin de très bonne heure, à midi et à 5 heures en été, 3 heures en hiver.

La nourriture doit être variée. En graines, on donne surtout du sarrasin, de l'orge, de l'avoine, du maïs concassé, du riz, du chènevis, toutes substances plus ou moins excitantes. On y mêlera, pour éviter le trop grand échauffement, des feuilles de choux, des fanes de carottes, des feuilles de betteraves, de l'oseille, de la chicorée sauvage, les mauvaises herbes du jardin, le tout haché menu.

La quantité est d'une forte poignée par individu et par repas. Pour éviter le gaspillage on fera bien de verser la nourriture dans des augettes en terre ou en bois.

Durant les froids ou les temps humides on se trouvera bien de donner aux poules des pâtées chaudes confectionnées avec des pommes de terre, des racines, des herbes cuites, du son, etc. On y mêlera même avec avantage du sel, dit de mome, dans la proportion de 6 grammes par kilog. de pâtée.

HABITATION DES POULES

En thèse générale, plus on pourra consacrer d'espace au parc dans lequel sera construit le poulailler, mieux les poules se porteront. Cependant 4 mètres carrés suffisent à la rigueur pour le parc et, pour le poulailler, 2 mètres de largeur, autant d'épaisseur et 2 mètres de hauteur, si l'on n'a à loger que six poules et un coq.

Que s'il s'agit au contraire d'une grande exploitation, on fera bien d'observer les proportions suivantes données par M. Gayet pour douze cents poules et cent vingt coqs : longueur du bâtiment 20 mètres, épaisseur 4 m. 50, hauteur, jusqu'à la naissance du toit, 2 m. 30.

Maintenant si l'on veut élever des races distinctes, on fera des séparations en donnant à chaque compartiment les dimensions exigées pour six poules et un coq, proportion la plus favorable entre le mâle et les femelles.

Il est très avantageux pour les poules qui craignent la trop grande chaleur, comme le froid et l'humidité, d'orienter le poulailler de façon qu'il regarde le levant et soit adossé à l'ouest à un mur plus élevé.

Dans l'intérieur du poulailler on étagera les perchoirs suivant le nombre de poules, de manière à ce qu'elles ne soient pas atteintes par les fientes de celles qui sont perchées à l'étage supérieur. Les perchoirs doivent être carrés et non ronds, mobiles, et supportés sur des tasseaux for-

mant mortaise et préalablement frottés avec de la térében-
thine, de l'huile de laurier ou toute autre substance éloi-
gnant les insectes.

Les murs doivent être en brique ou en ciment Coignet,
soigneusement crépis et blanchis à la chaux, le sol du poulailler, qui se trouvera un peu plus élevé que l'aire du parc,
sera de préférence en asphalte et recouvert de sable fin fréquemment renouvelé. Un nid de paille bien froissée sera
placé à gauche de la porte du poulailler, les pondoirs à
droite remplis également de paille froissée. On y placera
un œuf en stuc, en plâtre ou en biscuit de porcelaine.

Dans la porte du poulailler qui s'ouvrira non en tournant
sur des gonds, mais en glissant sur une rainure, on pratiquera une petite ouverture fermée par une planche à cou-
lisses. Le toit, enfin, qui sera en tuiles ou mieux en chaume,
frais l'été et chaud l'hiver, sera en pente pour faciliter
l'écoulement des eaux. Immédiatement au-dessous, du côté
du midi et du levant, on pratiquera deux petites ouvertures
fermées par une toile métallique pour le renouvellement
de l'air dans le poulailler.

Le sol du parc doit être très uni et sablé. On plante avan-
tageusement du côté du midi un petit massif formé, selon
ses dimensions, d'un où plusieurs petits arbres à fruits, donnant aux poules de l'ombre et des baies dont elles sont
friandes — groseillers ordinaires ou à maquereau. — Il ne
faut jamais employer le sureau dont l'odeur est désagréa-
ble aux poules.

On fera bien de disposer l'aire du parc en pente, de façon
à ce que les eaux de la pluie n'y séjournent point, rien
n'étant plus nuisible aux poules que l'humidité.

A ce point de vue il sera également avantageux de cons-
truire un petit hangar attenant au poulailler, et dans lequel
les poules se réfugieront pour se garantir de la pluie et de
la neige, dont il faut avoir soin de débarrasser le poulailler
le plus vite possible.

Sous ce hangar on placera, bien au milieu, l'augette qui

contiendra la nourriture, et le siphon à niveau constant où sera l'eau qu'elles boivent. On le choisira de préférence en grès qui maintient le liquide plus frais, et, durant les chaleurs, on y mêlera du sulfate de fer en petite quantité, comme tonique et désinfectant.

Le poulailler où séjourneront les jeunes poulets avant d'être admis parmi les adultes, ou soumis à l'engraissement, n'a pas besoin d'aussi grandes dimensions que le précédent, sauf le parc qui sera utilement semé de gazon rustique, qui leur fournit en même temps de la verdure et des insectes.

Les fientes doivent être quotidiennement enlevées du poulailler et jetées dans le trou à fumier. Quelques auteurs évaluent à 1 franc la quantité de fiente annuellement fournie par un individu adulte.

POPULATION DU POULAILLER

Nous terminerons ce trop rapide aperçu par quelques considérations tirées de notre expérience personnelle sur le choix des races qui doivent peupler le poulailler.

S'il s'agit d'une grande exploitation, ou de poules devant vivre libres dans la journée, le doute n'est pas permis; il faut choisir la poule de ferme et l'améliorer peu à peu par une sélection raisonnée.

Si l'on ne doit avoir qu'un petit nombre d'individus renfermés dans des parcs, et si l'on est sensible à la pureté de la race, il faut alors en choisir deux, puisque aucune ne réunit la triple qualité d'une ponte fréquente, de l'ardeur à couver et de la précocité pour l'engraissement.

Voici donc ce que nous conseillerons. Dans un poulailler disposé pour isoler les deux races et les poulets qui en proviendront, c'est-à-dire comprenant trois compartiments, placer des poules de Crèvecœur ou de Houdan, qui donneront tout l'été des œufs superbes et à l'automne des poulets gras; dans le premier, consacrer le second à des cochinchinoises, dont la nuance importe peu puisque toutes ont les mêmes qualités, et qui tiendront à votre disposition des œufs pendant l'hiver, des poulets en chair avant le printemps, et, presque en toute saison, des couveuses excellentes.

Le troisième sera réservé aux coquelets et aux poulettes qui ne le quitteront que pour renouveler le sang du poulailler ou entrer dans l'épinette, ainsi que les poules hors d'usage et les coqs sur le retour. Ceux-ci, soumis à l'engraissement, fourniront à la cuisinière la matière de mets très appréciables.

MALADIES DES POULES

Parmi les maladies les plus fréquentes des poules nous citerons :

La *tumeur du croupion*, très dangereuse, et qui est causée par l'échauffement. L'animal languit et se hérisse. Il faut fendre la tumeur avec un bistouri, presser la plaie pour en faire sortir le pus et laver la plaie avec de l'alcool étendu d'eau.

La *pépie* (1). Elle consiste en ulcères, souvent épidémiques, qui attaquent les poules buvant de l'eau croupie. Il faut les frotter avec du vinaigre et donner aux animaux atteints de l'eau pure et fraîche dans laquelle on aura jeté un peu de sulfate de fer, qui est aussi un remède préventif.

La *mue*, dont sont atteints les jeunes individus, les rend tristes, leurs plumes se hérissent, ils ne mangent presque plus. On doit combattre cette maladie avec une nourriture abondante et tonique, surtout de la viande hachée menu, et ne pas laisser sortir les poulets avant le lever du soleil.

---

1. On désigne ainsi par extension une sorte de pépin, *Pépita*, qui vient au bout de la langue des poules et les gêne pour boire. On l'enlève avec une lame pointue bien propre et l'on bassine la plaie avec du vinaigre.

La *constipation* se guérit en donnant aux poules une nourriture rafraîchissante, principalement de la laitue hachée et une pâtée de farine de seigle.

La *diarrhée* se combat à l'aide d'un régime tonique, même échauffant. Supprimer les herbes, le blé, le seigle, et n donner que de l'avoine, du sarrasin et du chènevis.

Les *ophtalmies* sont souvent causées par l'échauffement. On lave les yeux de l'animal malade avec du vin blanc dans lequel on a fait infuser l'herbe appelée Chélidoine — *Chelidonium majus* — connue dans les campagnes sous le nom d'Éclaire.

La *goutte*, qui a pour cause l'humidité et l'accumulation dans les poulaillers de fumier mouillé, demande simplement éloignement des causes de la maladie : l'assèchement du poulailler. On peut aussi envelopper les pattes des animaux malades dans des morceaux de laine ou de linge chauffés.

Les *parasites*. Ceux qui atteignent le plus souvent les poules, mites ou acares, proviennent de l'accumulation des fientes, de la malpropreté des poulaillers. Il faut placer sous le hangar des caisses remplies de sable sec ou mieux de cendres de bois, nettoyer les perchoirs, enlever les fientes, sabler à nouveau le poulailler et laver intérieurement les murs à l'eau de chaux, en ayant soin de boucher avec du plâtre toutes les cavités qui pourraient s'y rencontrer.

EPILOGUE

Nous terminons ici cet opuscule. S'il n'est pas aussi complet que les ouvrages estimés des Jacque, des Goyot, des Leperre de Roo, de Mme Milet-Robinet et de tant d'autres, nous croyons n'y avoir rien oublié d'essentiel.

Nous serions heureux qu'il éveillât chez quelques-uns le goût de ces jolies bêtes, qui sont une des ressources de l'agriculteur et un agréable délassement pour les habitants de la campagne. Nous nous sommes efforcés d'indiquer aux uns comme aux autres les moyens d'en tirer le meilleur parti, heureux si nous avons réussi dans cette tâche modeste.

TABLE DES MATIÈRES

Le Gérant : Henri Gautier.

LIVRES DE RÉCRÉATION ET D'INSTRUCTION

a DIX et QUINZE centimes

(Suite)

BIBLIOTHÈQUE LITTÉRAIRE

DES ÉCOLES ET DES FAMILLES

(Honorée d'une souscription du Ministère de l'Instruction publique.)

Le volume : **Dix centimes.**

(Franco par la poste : 1 volume 15 centimes, 2 volumes 25 centimes).

EXTRAIT DU CATALOGUE DES CENT VOLUMES EN VENTE :

André Chénier : Poésies (1 vol.). — *J. J. Rousseau* : Œuvres choisies (1 vol.). — *Mme de la Fayette* : La Cour de France au XVII⁰ siècle (1 vol.). — *Mme de Staël* : de l'Allemagne (1 vol.). — *Poètes contemporains* : Banville, Richepin, Daudet, Hérédia, Arène, etc. (1 vol.). — *François Coppée* : Nouvelles (1 vol.). — *Alphonse Daudet* : Souvenirs et Nouvelles (1 vol.). — *Jules Simon* : Colas, Colasse et Colette (1 vol.). — *Vte E.-M. de Vogüé* : Le chemin de fer transcaspien (1 vol.). — *Mme Beecher-Stowe* : La Case de l'Oncle Tom (1 vol.).

RÉCITS

DES

GRANDS JOURS DE L'HISTOIRE

Le volume QUINZE centimes

(Franco par la poste : 1 volume 20 centimes, 2 volumes 35 centimes)

Tous les volumes sont illustrés

EXTRAIT DU CATALOGUE DES CINQUANTE-DEUX VOLUMES EN VENTE :

Deux Étapes du retour de l'île d'Elbe, par HENRY HOUSSAYE (1 vol.).

La Machine infernale de Fieschi, par MAXIME DU CAMP (1 vol.).

L'Affaire du Collier de la Reine, par LAFONT D'AUSSONNE (1 vol.).

La Banque de la Rue Quincampoix, d'après SAINT-SIMON, DUCLOS, etc. (1 vol.).

La prise de l Hôtel de Ville (31 octobre 1870), par ALFRED DUQUET (1 vol.).

La Révolution de 1848, d'après un récit de M. THIERS (1 vol.).

Charlotte Corday et Marat (1 vol.).

Napoléon prisonnier, par le Comte de LAS CASES (1 vol.).

Les empoisonnements de la Brinvilliers (1 vol.).

Le Catalogue complet de ces collections est envoyé gratis et franco à toute personne qui nous en fait la demande par lettre affranchie.